Sitzungsberichte
der Heidelberger Akademie der Wissenschaften
Stiftung Heinrich Lanz

Mathematisch-naturwissenschaftliche Klasse

Jahrgang 1926. 6. Abhandlung.

Leichengeburt bei Ichthyosauriern

Eine paläobiologische Studie

Von

Dr **Wilhelm Liepmann**

a. o. Professor für Frauenheilkunde an der Friedrich Wilhelm Universität
zu Berlin

Vorgelegt in der Sitzung vom 26. Juni 1926 von Herrn Salomon Calvi

---

Mit 5 Autotypien auf 3 Tafeln und 3 Zinkotypien im Text

Berlin und Leipzig 1926

Walter de Gruyter & Co.

vormals G. J. Göschen'sche Verlagshandlung / J. Guttentag, Verlagsbuchhandlung / Georg Reimer / Karl J. Trübner / Veit & Comp.

Leichengeburt bei Ichthyosauriern.

Eine paläobiologische Studie.

Bei meinen paläontologischen Studien interessierte mich begreiflicherweise als Gynäkologen besonders der Befund von jungen Tieren im Leibe der fossilen Ichthyosaurier. Durch meine Freundschaft mit Dr. rer. nat. h. c. BERNHARD HAUFF, dem die Paläontologie die Konservierung und Erhaltung der schönsten Stücke aus dem Lias Schwabens verdankt, konnte ich diesem Problem mehr Aufmerksamkeit schenken, als es vielleicht sonst einem dieser Fachwissenschaft Fernstehenden möglich wäre. Herrn Geheimrat Prof. Dr. SALOMON-CALVI sei auch an dieser Stelle mein bester Dank gesagt; denn ihm verdanke ich die Bekanntschaft mit BERNHARD HAUFF. Unter den zahlreichen, über die Museen verteilten Exemplaren von Ichthyosauriern mit Jungen im Leibe waren es in erster Linie zwei, die meine besondere Aufmerksamkeit und mein Interesse erregten.

Das erste dieser beiden Präparate, auf die ich mich beziehen möchte, befindet sich im Stuttgarter naturwissenschaftlichen Museum; und ich möchte nicht verfehlen, an dieser Stelle dem damaligen Direktor Prof. Dr. M. SCHMIDT für sein tätiges Interesse meinen besten Dank zu sagen. Fig. 1 Tafel I stellt das Präparat, dessen natürliche Größe 2,19 m beträgt, dar[1]) und läßt vorzüglich die Lagerung des Jungtieres erkennen, dessen Schnauze sich deutlich zwischen den Beckenknochen des erwachsenen Tieres befindet. Auffällig ist bei dem Jungtier die, anstatt ventralwärts, dorsalwärts gerichtete Schwanzwirbelsäule (1). Auf diesen letzteren Befund soll späterhin noch genauer eingegangen werden.

Ein fast analoges Bild bietet uns das zweite Präparat, dessen Erhaltungszustand weniger gut ist, und das sich in der Berliner Paläontologischen Universitätssammlung befindet (2). Fig. 2 Tafel II. Auch hier sehen wir ein Jungtier so zwischen die Beckenknochen des erwachsenen Tieres gelagert, daß der Schwanz nach außen gerichtet ist; nur liegt hier das Tier auf dem Rücken, der Schwanz wie normal in ventraler Krümmung.

---

[1]) Die Photographien verdanke ich teils Herrn Dr. BERKHEMER, teils Herrn Dr. B. HAUFF. Der Standort der Originale ist aus der Tabelle am Schluß der Arbeit ersichtlich, die eingeklammerten Nummern beziehen sich auf die Literaturhinweise.

Ferner sehen wir in Fig. 3 Tafel II gewissermaßen als Vorstufe ein Jungtier, dessen Kopf dem Kopf des alten Tieres zugekehrt ist, und das noch gänzlich im Bauchraum liegt. Wirbelsäule und Schwanz sind hier so schlecht erhalten, daß man über beide nichts genaueres aussagen kann. Und schließlich sehen wir in Fig. 4 Tafel III ein vorzüglich erhaltenes Jungtier, dessen Kopf wiederum dem Kopf des Alttieres zugekehrt ist, dessen Schwanz die leichte Ventralflexion der Jungtiere zeigt, das mit einem Wort gewissermaßen die kinematographische Vorstufe des Geburtsvorgangs von Fig. 1 darstellt. Gerade die in Fig. 1 und 2 dargestellten Präparate müssen das Interesse des paläontologisch interessierten Gynäkologen wachrufen, weil sie zunächst den Eindruck wecken, als wären die Tiere im Moment des Kreißens fossil geworden, während die Fig. 3 und 4 das Vorstadium dieses Geburtsvorganges trefflich illustrieren. Und aus dieser Überlegung heraus müssen wir ganz kurz den gegenwärtigen Stand der Viviparität der Ichthyosaurier überhaupt beleuchten. In dem ausführlichen Werk von E. FRAAS über die Ichthyosaurier (l. c.) wird nach den vorliegenden fossilen Befunden, besonders auch nach einem bildlich dargestellten embryonal gekrümmten Tiere mit Sicherheit angenommen, daß die Ichthyosaurier vivipar gewesen sind, und diese Annahme wird wesentlich gestützt durch ein von HAUFF präpariertes Muttertier, neben dem sich Embryonen in typischer Lagerung befinden. Fig. 5 Tafel III. Einen besonders schön gekrümmten Embryo im Muttertier findet man in einem anderen Präparat von B. HAUFF, das ich in Abb. 11 meiner „Weltschöpfung und Weltanschauung"[1]) dargestellt habe. Die meisten Paläontologen und Paläobiologen sind heute der Meinung, daß die Ichthyosaurier, wie wir es auch bei rezenten Reptilien und bei zahlreichen anderen Tierarten sehen, insbesondere den meisten Haifischen, lebendig gebären. Bei den rezenten Nattern können wir beobachten, daß einzelne Arten derselben sowohl zum Eierlegen wie zum Lebendiggebären, je nach der Gunst oder Ungunst der Umwelt, befähigt sind. Und die Ungunst der Umwelt spricht bei den Ichthyosauriern (3) unzweifelhaft zugunsten der Viviparität. Sie waren rein marine Tiere, bei denen das Lebendiggebären wie bei den Delphinen vorausgesetzt werden mußte, selbst wenn die genannten fossilen Funde nicht vorlägen. Besonders interessant hat jüngst POMPECKY diese Verhältnisse geschildert (11): „Und wenn infolge solchen Zwanges die Ichthyosaurier auch zu den höchst vollendeten Schwimmern geworden sind, so wurden sie dadurch doch andererseits wieder in ihren Lebensmöglichkeiten mehr eingeschränkt als gefördert. Nach ihrer Körperform, nach Bau und Stellung ihrer zu Paddeln umgestalteten Vorderextremitäten hatten sie — wie später die

[1]) Quelle & Meyer, II. Aufl. 1926. Original in Holzmaden.

Wale — die Fähigkeit eingebüßt, das Land aufzusuchen. Sie waren allein und ganz für alle ihre Lebensbetätigungen auf das Wasser angewiesen. Darin drohte sogar Gefahr für ihren Bestand. Z. T. vermochten sie dieser zu begegnen. Als Reptilien hätten sie in Erfüllung der Fortpflanzungsaufgabe Eier legen sollen. Diese, wie es die Fische tun, im Wasser abzulegen, wäre der Entwicklung der Jungen gewiß nicht dienlich gewesen. Reptilieneier bedürfen der Pflege durch trockene Wärme; die ist im Wasser des Meeres nicht gegeben. Das Land zur Eiablage aufzusuchen, war ihnen aber durch ihre Körperform völlig verwehrt. Der Gefahr, die den Ichthyosauriern durch ihre „vollkommenste", d. i. einseitigste Anpassung an das Leben im Meere erwuchs, sind sie dadurch entgangen, daß sie vivipar wurden. Das wird weniger durch die gar nicht allzu seltenen Funde erwiesen, bei denen man in sehr verschiedener Lage und Stellung kleine Ichthyosaurier zwischen den Rippen, in der Brust und Bauchregion erwachsener Tiere beobachtet, als durch einen besonders glücklichen, neueren Fund, der ziemlich weit fortgeschrittene Embryonen in Embryonenstellung und in Uteruslage im Muttertier zeigt. Das Lebendiggebären der Ichthyosaurier, die im übrigen Kannibalen gewesen sind und Junge der eigenen Art verspeisten, war eine durch ihre Anpassung an das Wasserleben hervorgerufene neue Erwerbung, durch welche die Nachteile eben dieser Anpassung z. T. wieder ausgeglichen wurden." Daß nebenbei die Ichthyosaurier gelegentlich auch die junge Brut gefressen haben, wird nach Ansicht von R. OWEN, F. A. QUENSTEDT, ABEL und, wie wir sahen, auch von Prof. POMPECKY angenommen (4), doch ist hierbei auffällig, daß wir bisher stets nur Junge derselben Art im Leibe der alten Ichthyosaurier gefunden haben, obwohl die verschiedenen Species nach den vorliegenden Funden zusammen gelebt und gejagt haben müssen. Noch auffälliger erscheint es, daß die Größe der Jungtiere nahezu konstant das Maß von 55 cm nicht übertrifft, während einzeln gelagerte Jungtiere nur selten, z. B. in einem Hautexemplar in Stuttgart von 50 cm, in einem weiteren Privatsammlung HAUFF von 62 cm und in einem Exemplar meiner Sammlung von 71 cm gefunden sind. Ferner spricht nach B. HAUFF (persönl. Mitteilung) die schwache Artikulation des Unterkiefers dafür, daß die Ichthyosaurier nur imstande waren, kleinere Weichtiere zu verschlucken; und schließlich wird diese anatomische Tatsache gestützt dadurch, daß man in dem erhaltenen Mageninhalt der Saurier nur Tintenfische findet, so daß diese und andere nicht nachweisbare planktonische Tiere ihre Hauptnahrung gebildet haben müssen. Hält man alles dieses zusammen, so muß man zu der Überzeugung kommen, daß die Funde uns nahezu sicher beweisen, daß die Ichthyosaurier ihre junge Brut nicht gefressen haben.

Für unsere Frage interessiert uns nun als Gynäkologen in erster Linie, die Viviparität als bestehend angenommen, die Lage der Jungtiere im Muttertier vor der Geburt. Eine Querlage ist unmöglich und auch niemals beobachtet. Bei dem torpedoähnlichen Bau von Mutter und Jungtier konnte die junge Brut nur in Längsrichtung im Mutterleib orientiert sein, und bei der Bauart ihres Körpers wäre es geburtsmechanisch gleichgültig, ob Schwanz oder Kopf zum Muttertier beckenwärts gerichtet ist, d. h., ob es sich um Schädel- oder Schwanz-Steißlage handelt. Tatsächlich finden wir auch bei zahlreichen Präparaten Jungtiere in Schädellage, bei den von uns dargestellten Präparaten Embryonen in Schwanz-Steißlage. Bei unseren Haustieren stellte KEHRER (5) bei Schweinen 54 % Kopf- und 46 % Beckenendlagen, bei 34 Hunden 22 Kopf- und 12 Beckenendlagen, bei 25 Katzen 12 Kopf- und 13 Beckenendlagen fest. Wie sich bei diesen die Längsachse nach der Längsrichtung des Uterushornes orientierte und wie die Föten im übrigen bald den Kopf, bald den Schwanz abwechselnd kopf- oder schwanzwärts vom Muttertier gerichtet haben, so muß es mechanisch auch bei den Ichthyosauriern gewesen sein.

Die Lage der Föten in unseren beiden Präparaten Fig. 1 und 2 zeigt aber, daß die Geburt soweit fortgeschritten ist, daß sich nur noch bei Fig. 1 ein Teil der Schnauze, bei Fig. 2 das halbe Tier innerhalb des Beckenringes befindet. Hierbei muß für jeden vergleichenden Geburtshelfer die Frage akut werden, wie die Tiere in diesem Stadium fossil werden konnten, und die Frage des Fossilwerdens intra partum ist gerade der Grund unserer kleinen Studie.

Die Verhältnisse im schwäbischen Lias-Meer sind nach den Untersuchungen von POMPECKY (6) gewissermaßen als „ein fossiles schwarzes Meer“ zu betrachten. Unter den tierreichen Süßwasserschichten des Schwarzen Meeres findet sich in den Tiefen desselben nicht genügend Sauerstoff, um das Meerwasser zu durchlüften, so daß diese Tiefen für alle Lebewesen, die in sie gelangen, tödlich wirken müssen. Noch heute lagern sich auf dem Grunde des Schwarzen Meeres schwarzer Schlick oder feiner Ton ab, der im Charakter mit dem schwarzen Schiefer von Holzmaden übereinstimmt. Dieses fossile, schwarze Meer scheint durch eine Barre vom offenen Meer getrennt gewesen zu sein und alle die Tiere, die nun bei dem Sturm über diese Barre hinweggetrieben wurden, gingen an Sauerstoffmangel oder an Schwefelwasserstoff, der sich aus den organischen Massen entwickelte, zugrunde. Wie die Bucht von Biskaya noch heute durch die Meeresströmungen zu einem Walfriedhof gewandelt wird, so nahm das fossile schwarze Meer von Holzmaden damals all die

Literatur-Nachweis.

1. Dieses Präparat ist photographisch vorzüglich dargestellt und beschrieben in E. FRAAS, Ichthyosaurier, Tübingen 1891. Taf. IV Fig. 2.

2. Photographisch dargestellt und beschrieben in W BRANCA, Sind alle im Inneren von Ichthyosauriern liegende Jungen ausnahmslos Embryonen? Abhandlung der Preuß. Akad. der Wissensch. 1907. Berlin 1908.

3. RICHARD HERTWIG, Lehrbuch der Zoologie, 8. Aufl. 1907. Gustav Fischer, Jena. Seite 140.

4. ABEL, Lebensbilder aus der Tierwelt der Vorzeit. Fischer, Jena 1922.

5. HARMS, Tierärztliche Geburtshilfe. 3. Aufl. Schötz, Berlin 1899.

6. Geognostische Jahreshefte Bd. 14. 1901.

7. v. WINCKEL, Handbuch der Geburtshilfe. Bd. 3. Teil 3. Bergmann, Wiesbaden 1907. DÖDERLEIN, Handbuch der Geburtshilfe Bd. 2. Bergmann, Wiesbaden 1916.

8. Zentralblatt für Gynäkologie 1921, Nr. 23. Seite 828.

9. Inaug.-Diss. von HANS GROSSMANN. Berlin 1924. Fruchtausstoßung nach dem Tode (Sarggeburt) und am exstirpierten Uterus.

10. W LIEPMANN, Der Abortus mit besonderer Berücksichtigung der violenten Verletzungen der Gebärmutter. Ergebnisse der gesamten Medizin. 1923. Bd. IV

11. J. F POMPECKJ, Umwelt, Anpassung und Beharrung im Licht erdgeschichtlicher Überlieferung. Rede zum Antritt des Rektorats der Friedr.-Wilh.-Universität zu Berlin. Berlin 1925.

12. W LIEPMANN, Weltschöpfung und Weltanschauung II A. Quelle & Meyer 1926.

Gedruckt mit Unterstützung der Notgemeinschaft
der Deutschen Wissenschaft.

Maße der Muttertiere und Embryonen.

Bild-Nr.	Katalog-Nr.	Muttertier	Embryonen (Zahl und Länge)	Besonderes
1.	6293.	219 cm	1 Embryo 55 cm	Stuttgart cf. E. FRAAS, Ichthyosaurier 1891. T IV, 2.
2.	—	255 cm	11 Embryonen, das im Becken liegende, halb geborene mit dem Rükken nach unten. Größe etwa 50 cm	—
3.	160.	246 cm	2 Embryonen. 1. Embryo. Kopf 25 cm. Etwa 50—60 cm. 2. Embryo. Kopf 10 bis 11 cm. Etwa 25 cm.	Cf. BRANCA, Die Embryonenfrage bei Ichthyosaurus. S. 34.
4.	7402.	250 cm	1 Embryo. 55 cm.	Stuttgart.
5.	10460.	275 cm.	4 Embryonen. 15—25 cm lang.	Stuttgart.
6.	6047.	Etwa wie 7402/4 = 250 cm.	Schädelgröße etwa wie bei 7402. 3 Embryonen. Etwa 50 cm.	New York. (Bild nicht dargestellt.) BRANCA. 1908. S. 27. 29.

Am Schluß der Arbeit ist es mir eine angenehme Pflicht, Herrn Geheimrat SALOMON, Herrn Geheimrat POMPECKY, Herrn Dr. BERNHARD HAUFF, Herrn Prof. JANENSCH, Herrn Dr. QUENSTEDT, Herrn Prof. Dr. MARTIN SCHMIDT, sowie Herrn Dr. BERCKHEMER für ihre Unterstützung meinen besten Dank zu sagen und mich erneut der schönen, gastlichen, anregenden Stunden zu erinnern, die ich in Holzmaden bei meinem Freunde, Herrn Dr. BERNHARD HAUFF verleben durfte.

Typus der Krümmung beim Mixosaurus Nordenskjöldi genähert ist (vgl. hierzu Fig. 4). In jedem Fall wird die schräg nach abwärts gerichtete Muskelkontraktionswirkung auf die konvexe Krümmung der Schwanzflossenwirbelsäule wirken und sie daher bei der in allen Tierklassen beim Neugeborenen bestehenden höheren Gelenkigkeit nur nach dorsalwärts abbiegen können. Würde man künstlich eine Versuchsanordnung wählen können, bei der das Jungtier in der Geburt den Rücken erdwärts gerichtet hielte, so müßte bei gleichem Vorgang die natürliche Abknickung bedeutend verstärkt werden. Und tatsächlich ist dieses der Fall. Wir besitzen ein solches Präparat in der Berliner Sammlung Fig. 2 (Tafel II), und es genügt, diese mechanisch bedingte Abknickung mit der normalen Knickung eines Jungtieres in utero (Fig. 4, Tafel I) zu vergleichen, um sich von dem Tatbestand zu überzeugen.

Vielleicht aber dienen andere Beobachtungen beim Menschen dazu, um in eine zweite paläobiologische Frage Licht zu werfen: Wieso häufig Embryonen und Jungtiere weitab vom Fruchthalter im Bauch- und Brustraum vom Muttertier gefunden werden? Hierfür Beobachtungen, die ich an Frauen machen konnte, bei denen beim Ausräumen von Aborten schwere Uterusverletzungen hervorgerufen wurden. Bei zwei von diesen Fällen war postmortal die Frucht in den Bauchraum der Mutter getrieben (10), und wir können nunmehr unschwer begreifen, wie bei der fäuligen Zersetzung schwangerer Ichthyosaurier nach der Auflösung des relativ dünnen Fruchthalters durch die Fäulnisgase die Früchte in den nicht mehr widerstandsfähigen Bauchinnenraum getrieben wurden. Die vorliegenden Präparate scheinen diese Vermutung zu bestätigen, weil die Jungtiere sich niemals in einem so vorzüglichen Erhaltungszustand befinden wie die beiden Exemplare in Fig. 1 und 2, bei denen nicht Fäulnisgase, sondern postmortale Kontraktionen die Leichengeburt einleiteten.

Sollte die Paläobiologie durch diesen kurzen Hinweis von gynäkologischer Seite zu neuen Erwägungen über dieses Problem, insbesondere zu der Frage, ob es sich um gefressene Jungtiere oder Embryonen handelt, angeregt werden, so wäre der Zweck dieser Arbeit erreicht. Zum Schluß mag eine Tabelle erweisen, daß sich im allgemeinen beim Geburtsakt (Fig. 1, 2 und 4) die Jungtiere zu den Alttieren verhalten wie 219—250 : 45—55 cm, d. h. die Alttiere sind im Durchschnitt 4,5 mal so groß wie die Jungtiere, während diese Proportion bei der Frau 170 : 50 cm, d. h. 3,4 beträgt.

Fruchtblase führten, wie es Fig. 7 und 8 zeigt. Jetzt wurde der Vorgang der Geburt dadurch unterbrochen, daß das Präparat in Formalin gelegt und konserviert wurde. Inzwischen besitze ich in der Sammlung meiner Klinik Präparate in allen Stadien der postmortalen Geburt bis zur vollständigen Austreibung der Frucht, sei es in Schädel- oder Beckenendlage. Ähnliche Vorkommnisse von rein postmortaler Kontraktion exstirpierter Uteri sind von anderen Klinikern, wie ich durch mündliches Befragen weiß, beobachtet worden, auch habe ich das gesamte Material in einer Inauguraldissertation, Berlin 1924, von GROSSMAN zusammenstellen lassen (9). In diesen Fällen fällt also der Druck der Fäulnisgase fort und die rein postmortalen Uteruskontraktionen bewirken das Eintreten und Fortschreiten der Geburt. Aus diesem Grunde ist auch die neuerdings geäußerte Ansicht, daß die Jungtiere der Ichthyosaurier ähnlich wie bei den Walen noch eine Zeitlang vom Muttertier in der Scheidentasche herumgetragen werden, hinfällig. Für die beschriebenen fossilen Verhältnisse ist diese Hypothese unannehmbar. Im Moment des Todes würden solche Tiere niemals in der Scheidentasche bleiben, sondern durch die postmortalen Kontraktionen ausgetrieben werden müssen. Ebenso ist die Möglichkeit, daß es sich um gefressene Tiere handeln könne, die den Organismus des großen Tieres auf dem Wege der Defäkation durch postmortale Kontraktion der Muskulatur verlassen, abzulehnen, da in diesem Falle so gut erhaltene Exemplare von Jungtieren, wie sie unsere Tafel I, Fig. 1 und 4 zeigen, nach Passieren des Magen-Darmkanals nicht denkbar sind.

In gleicher Weise haben wir uns nun den Vorgang des fossil gewordenen Gebärens der in Fig. 1 und 2 dargestellten Präparate zu denken. Die schwangeren Tiere wurden über die Barre hinweg in das fossile schwarze Meer der Holzmadener Bucht geworfen, verendeten dort und trieben, in dem weichen Schlick versinkend, die gebärfertigen Jungen nach außen. Hierbei fand die vordringende Schwanzwirbelsäule Widerstand im Schlick, streckte sich zuerst und bog sich dann dorsalwärts, wie wir es an dem einen unserer Präparate (Fig. 1) sehen, bis schließlich das erhärtende, Muttertier und Jungtier umgebende Medium dem Weiterfortschreiten der Leichengeburt ein Ende machte und nunmehr der Fossilisationsvorgang beginnen konnte. Zum Vergleich hierzu sehen wir in dem noch im Alttier befindlichen Jungtier (Fig. 4) die deutliche Ventralflexion des Schwanzes. Man kann sich diesen Vorgang der passiven Dorsalflexion der Schwanzflossenwirbelsäule an einem biegsamen Kupferdraht leicht zur Anschauung bringen, wenn man ihm die Krümmung der Schwanzwirbelsäule eines Jungtieres gibt und dabei berücksichtigt, daß diese weit flacher als beim ausgewachsenen Exemplar, mehr dem über die Barren getriebenen und verendeten Kadaver des offenen Meeres in sich auf, sie durch die schwarze, fossile Decke vor der völligen Vernichtung bewahrend und sie uns fossil bis zum heutigen Tage erhaltend.

Wie aber muß man sich den Vorgang des Fossilwerdens kreißender Ichthyosaurier denken? Um sich hierüber klar zu werden, ist es notwendig, sich den beim Menschen beobachteten Vorgang der sogenannten Leichen- oder Sarggeburt klar zu machen. Während man früher die Geburt nach dem Tode einer Schwangeren oder Kreißenden für ein außerordentlich seltenes Ereignis ansah, hat die neuere Literatur an die 100 Fälle zusammengestellt (7). Erst in jüngster Zeit hat STRAUCH (8) an der Hand eines neubeobachteten Falles auf die bei Leichen Schwangerer in Frage kommenden treibenden Kräfte hinge-

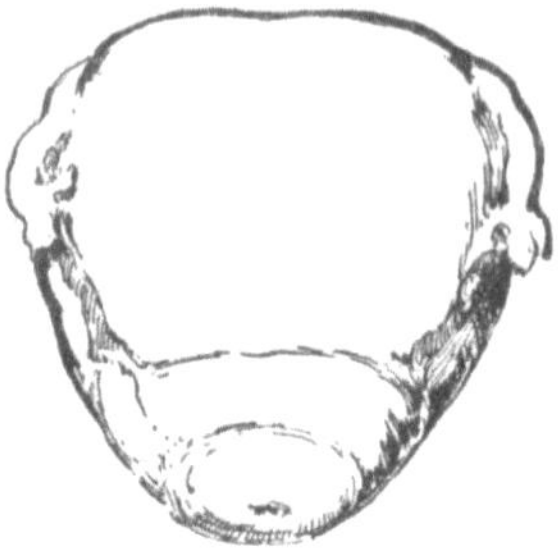

Fig. 6.

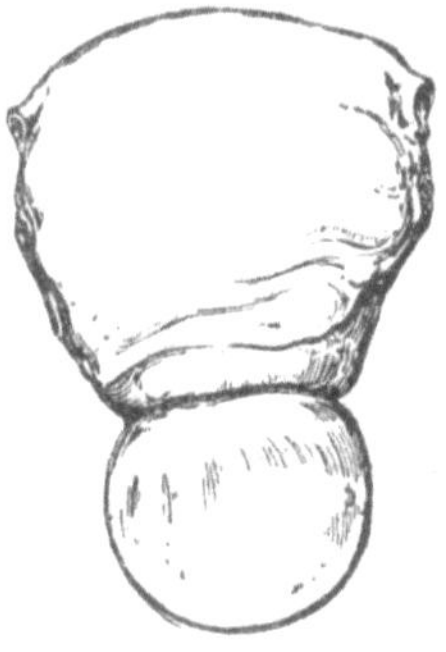

Fig. 7.

Fig. 8.

wiesen. Diese Kräfte bestehen einerseits in postmortalen Wehen, andererseits in der durch die Fäulnisgase eintretenden Druckwirkung. Daß die postmortalen Uteruskontraktionen allein imstande sind, die Frucht aus einem noch nicht vorbereiteten, schwangeren Uterus auszutreiben, beweisen, wie ein Experiment, eine Reihe von Fällen meiner Klinik, von denen ich in Fig. 6 und 7 einen zur Darstellung bringe. Hier mußte wegen fortgeschrittener Tuberkulose einerseits die Schwangerschaft im dritten Monat unterbrochen, andererseits eine erneute Konzeption verhindert werden. Gewählt wurde das Verfahren der Corpusamputation, d. h. das Absetzen des Uterus im oberen Drittel der Cervix. Das Präparat zeigte den in Fig. 6 dargestellten Befund. Etwa eine halbe Stunde nach Entfernung des Präparates aus der Leibeshöhle stellten sich bei dem an der Luft liegenden Uterus Kontraktionen ein, die zum Hervorpressen der

Fig. 4.

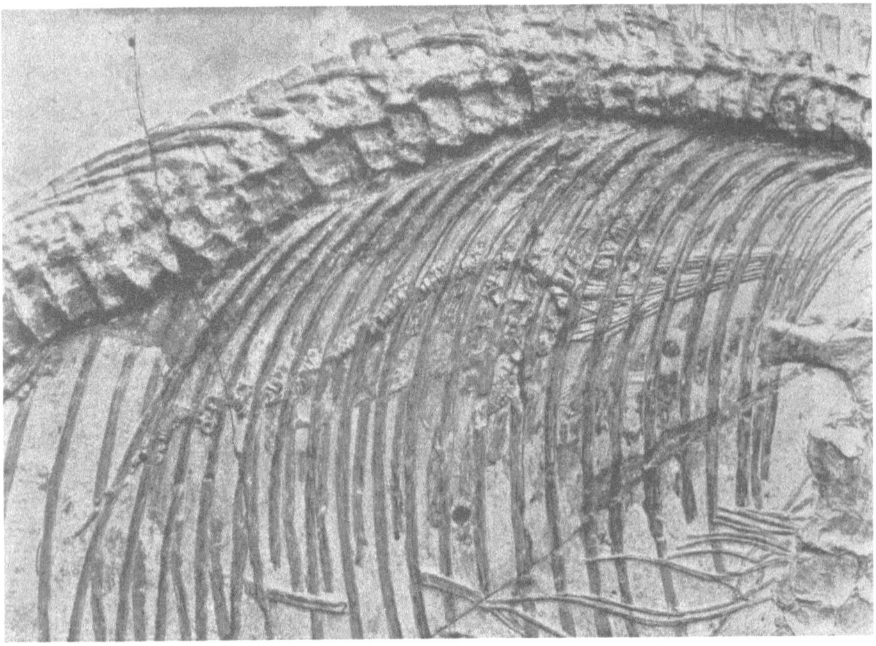

Präparat der Stuttgarter Sammlung. (Muttertier 250 cm, Embryo 55 cm.)

Fig. 5.

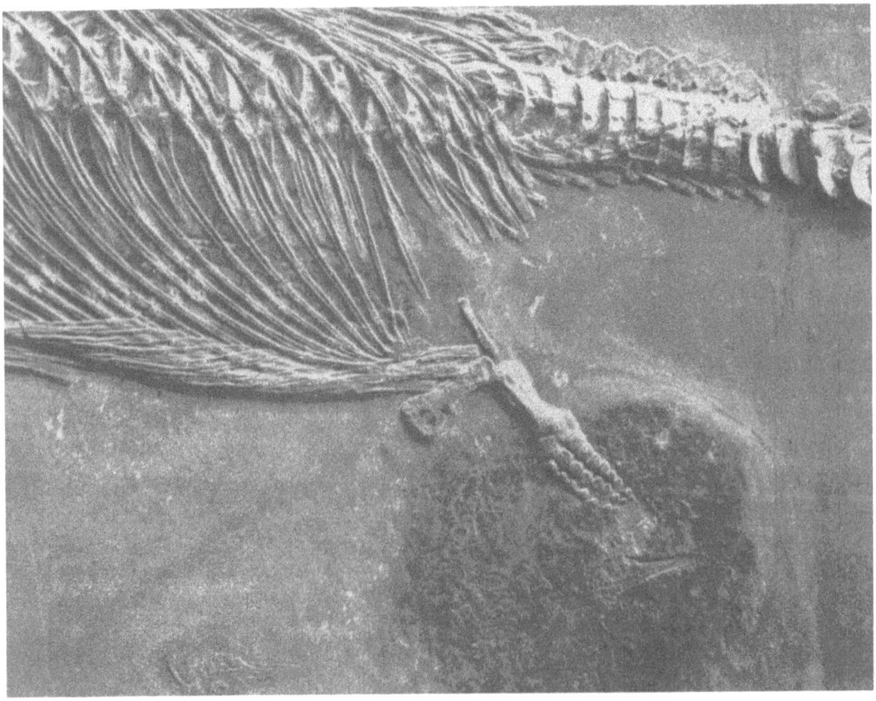

Präparat der Stuttgarter Sammlung. (Muttertier 275 cm, 4 Embryonen noch gekrümmt, ca. 15—25 cm lang.)

TAFEL III.

Fig. 2.

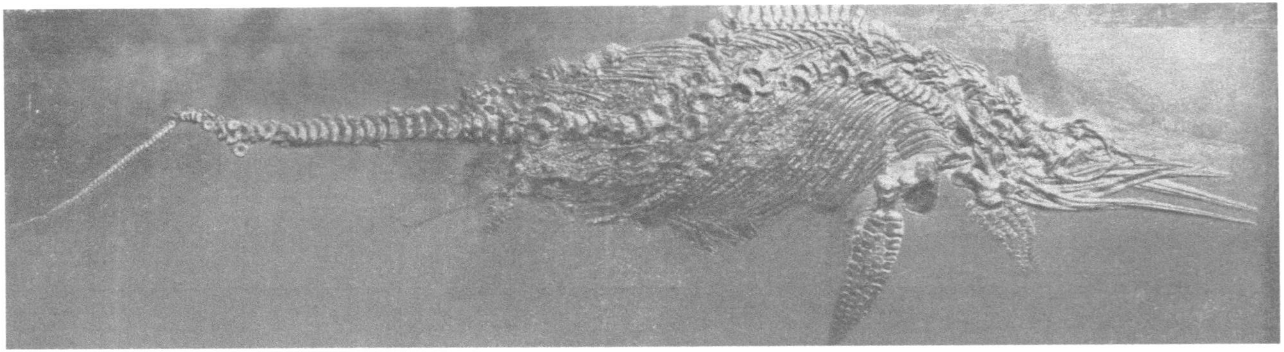

Ichthyosaurus quadricissus mit 11 Jungen. Berlin. (Muttertier 255 cm, halbgeborener Embryo ca. 50 cm.)

Fig. 3.

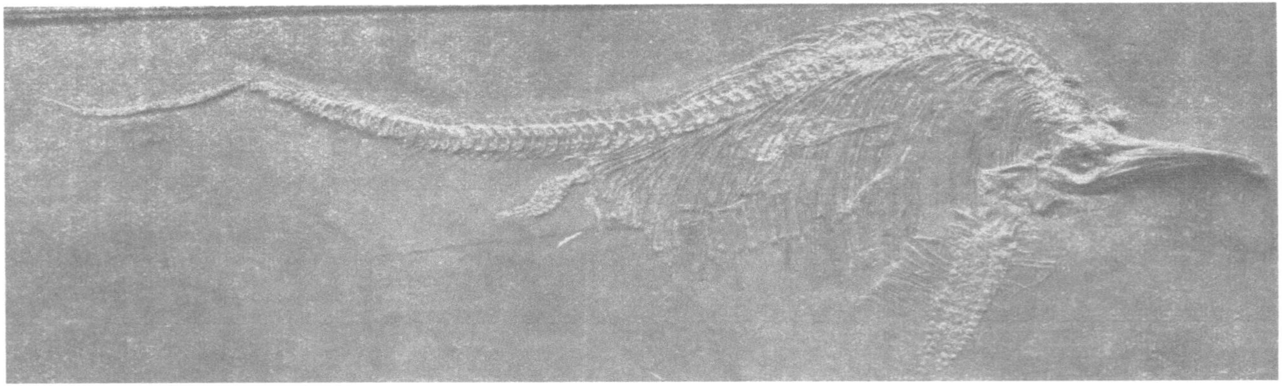

Ichthyosaurus crassicostatus. (Muttertier 246 cm, Embryonen ca. 50–60 cm.)

TAFEL II.

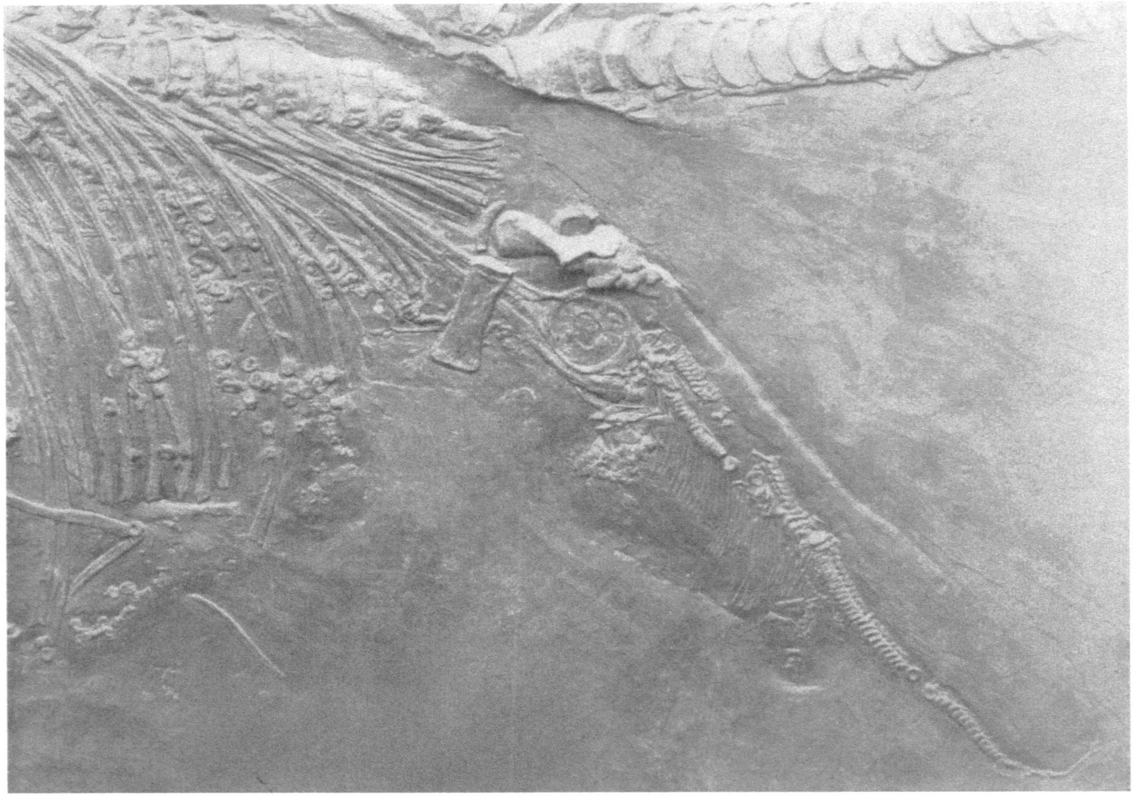

Präparat der Stuttgarter Sammlung. (Länge des Muttertiers 2,19 cm, Embryo 0,55 cm.)

TAFEL I.

FSC
www.fsc.org
MIX
Papier | Fördert gute Waldnutzung
FSC® C083411

Kolibri 360 GmbH
Ferdinand-Jühlke-Straße 7
99095 Erfurt, Deutschland
produktsicherheit@kolibri360.de